CHAMP D'OBSERVATION

DANS

L'EXAMEN OPHTALMOSCOPIQUE A L'IMAGE DROITE

PAR

Le Dr Théodore GUILLOZ

Pharmacien de 1re classe
Licencié ès sciences physiques
Chef des travaux du laboratoire de physique médicale de la Faculté de médecine
de Nancy

PARIS

G. STEINHEIL, ÉDITEUR

2, RUE CASIMIR-DELAVIGNE, 2

1894

CHAMP D'OBSERVATION

L'EXAMEN OPHTALMOSCOPIQUE A L'IMAGE DROITE

PAR

Le Dr Théodore GUILLOZ

Pharmacien de 1re classe

Licencié ès sciences physiques

Chef des travaux du laboratoire de physique médicale de la Faculté de médecine
de Nancy

PARIS

G. STEINHEIL, ÉDITEUR

2, RUE CASIMIR-DELAVIGNE, 2

—

1894

CHAMP D'OBSERVATION

DANS

L'EXAMEN OPHTALMOSCOPIQUE A L'IMAGE DROITE

Introduction.

La détermination du grossissement et de l'éclairement des images, celle du champ d'observation, forment, après la connaissance de l'appareil lui-même, la base d'étude de tout instrument d'optique. Ces mêmes questions de grossissement, d'éclairement, de champ d'observation, doivent être également résolues à propos de tout procédé d'ophtalmoscopie.

Bien que, depuis le travail de M. Landolt (1), le grossissement des images ophtalmoscopiques soit, à notre avis, un sujet bien élucidé, les recherches se portent encore de préférence de ce côté. Et l'on délaisse l'étude cependant importante du champ d'observation ophtalmoscopique.

Helmholtz, l'inventeur de l'ophtalmoscopie, est celui qui le premier a déterminé le champ d'observation (2). Il donne un procédé peu rigoureux dans le cas de l'image droite, car il ne tient pas compte de la dimension de la pupille de l'œil observateur.

Les ouvrages classiques laissent la question dans l'ombre ou

(1) LANDOLT. *Le grossissement des images ophtalmoscopiques.* Thèse de Paris, 1874.

(2) HELMHOLTZ. Optique physiologique, traduct. française, 1867, p. 242 et 243 ; ou *Handbuch der physiologischen Optik.*, 2ᵉ édit. allem., 3ᵉ fasc., p. 217.

se contentent de rappeler les idées d'Helmholtz. Ces idées ne nous ont pas paru à l'abri de toute critique, et c'est pourquoi nous avons cru devoir reprendre la question.

On sait que le champ visuel n'est guère influencé par la grandeur de l'ouverture pupillaire. En effet, les objets environnants envoient de la lumière dans tous les sens et il en pénètre dans l'œil observateur, quelle que soit l'étendue de son ouverture pupillaire, une quantité suffisante pour donner l'image de l'objet considéré. Mais, en ophtalmoscopie, les conditions de vision sont changées, car, dans toutes les méthodes d'examen, chaque point de l'image ophtalmoscopique émet seulement un mince pinceau de rayons lumineux. C'est ainsi que dans l'examen à l'image droite, de chaque point de l'image ophtalmoscopique il émane un faisceau ayant comme sommet ce point et comme base l'ouverture pupillaire de l'œil examiné. Pour que le point considéré soit perçu, il faut évidemment que le faisceau auquel il donne naissance pénètre au moins en partie dans l'ouverture pupillaire de l'observateur. Les conditions déterminant le champ visuel ophtalmoscopique sont donc, dans ce cas, analogues à celles qui fixent la valeur du champ d'observation lorsque l'on regarde au travers d'un diaphragme placé devant l'œil. Ce diaphragme limite la portion de lumière émanant d'un point de l'espace à un cône ayant comme sommet ce point et comme base l'ouverture du diaphragme. Les points voisins donnent semblablement des faisceaux qui s'étalent les uns à côté des autres en se recouvrant partiellement. Le nombre des faisceaux utilisés par la vision et par conséquent le nombre des points vus simultanément sera donc d'autant plus grand que l'ouverture pupillaire sera plus large. En d'autres termes, le champ croîtra, toutes choses égales d'ailleurs, avec la dimension de l'ouverture pupillaire de l'observateur. Il apparaît de même très clairement que le champ d'observation doit croître avec la dimension du diaphragme et diminuer lorsqu'on éloigne ce dernier de l'œil. C'est en partant de ces idées si simples que nous avons esquissé une étude théorique du champ d'observation ophtalmoscopique. Après avoir vu qu'elle s'accordait avec l'expérimentation faite sur l'œil artificiel, nous avons recherché ce qui avait été publié sur ce sujet.

A part les élégantes conceptions d'Helmholtz, un article

d'Ulrich (1), assez riche en bibliographie, est le seul travail spé-
cial que nous ayons rencontré. En ce qui concerne l'examen à
l'image droite, nous arrivons par une méthode différente aux
mêmes formules que lui ; mais nous trouvons ses expériences
de vérification des plus incomplètes. Il ne cherche nullement à
contrôler les variations que subit en pratique le champ d'observation sous l'influence du changement de valeur des différents facteurs entrant dans ses formules. C'est ainsi que finalement il ne montre pas du tout l'influence de la grandeur de
la pupille de l'observateur. Elle est pourtant très à considérer,
ainsi que nous le montrerons dans la suite. Nous traiterons
aussi les cas où l'observé est atteint d'amétropie axile, Ulrich
n'ayant considéré que les amétropies de courbure.

Le champ d'observation sera défini : *la grandeur réelle de
la portion de rétine donnant lieu à l'image ophtalmoscopique
perçue par l'œil de l'observateur, cet œil restant immobile, de
même que l'œil observé.* — La grandeur de cette portion
de rétine sera exprimée au moyen de l'angle δ sous lequel elle
est vue à partir du point nodal. Dans les calculs, l'angle δ sera
mesuré par la longueur de l'arc, de rayon égal à l'unité, compris entre ses côtés. On évite ainsi l'introduction des lignes
trigonométriques dans les calculs et cela sans commettre d'erreurs appréciables, dans le cas qui nous occupe. Connaissant δ,
la grandeur x de la portion de rétine constituant le champ d'observation sera donnée par l'équation

$$x = \delta\gamma$$

dans laquelle γ est la distance séparant la rétine du point
nodal.

Il nous arrivera quelquefois dans cet exposé de supposer le
système dioptrique de l'œil complètement assimilable à une
lentille ; c'est qu'alors cette simplification nous sera permise
sans que nos résultats soient entachés d'erreur.

Nous nous sommes astreint à n'employer que des méthodes de calcul excessivement simples, supposant seulement les
connaissances les plus élémentaires de physique et d'al-
gèbre.

(1) ULRICH. Das ophtalmoskopische Gesichtsfeld. *Klinische Monatsblätter für
Augenheilkunde.* Stuttgart, mai 1881.

I. — Champ d'observation théorique à l'image droite.

Nous traiterons d'abord la question théoriquement en supposant le fond de l'œil observé éclairé dans une étendue au moins aussi grande que le champ d'observation possible. L'examiné sera considéré d'abord emmétrope, puis amétrope. Dans ces différents cas, l'observateur sera supposé jouir d'une réfraction lui permettant la vision nette du fond d'œil examiné.

Nous désignerons par ω et ω' les grandeurs apparentes sous lesquelles se montrent respectivement, à travers la cornée, les pupilles de l'observé et de l'observateur (1).

Œil observé emmétrope. — Les rayons lumineux qui, sortant de l'œil examiné, peuvent entrer dans l'œil examinateur pour fournir l'image du fond de l'œil observé, sont compris (fig. 1)

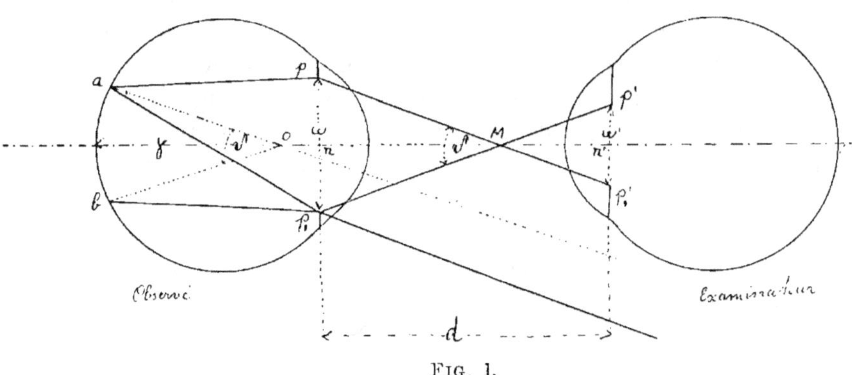

Fig. 1.

dans le tronc de cône de rayons lumineux ayant pour bases les ouvertures pupillaires apparentes des yeux, c'est à-dire dans le trapèze $pp'p'_1p_1$. Parmi ces rayons, les plus inclinés que puisse

(1) Il est bien évident, en effet, qu'après avoir été réfractés par le cristallin, les rayons lumineux, émanant du fond d'œil éclairé, qui se trouvent tangents à la circonférence de la pupille, sont réfractés une seconde fois par la cornée et paraissent alors venir non pas de la pupille elle-même, mais de son image à travers la cornée. De même, les rayons lumineux pouvant entrer dans l'œil observateur sont ceux qui dans l'air auront une direction leur permettant d'entrer dans l'image de l'ouverture pupillaire de cet œil On voit donc qu'il convient de considérer les grandeurs apparentes des pupilles dont la mesure est accessible directement. La grandeur réelle de la pupille diffère d'ailleurs peu de sa grandeur apparente.

recevoir l'observateur sont les rayons pp'_1 et p_1p'. Le rayon pp'_1 vient du point a de la rétine, obtenu en menant par le point nodal o, oa parallèle à pp'_1. En effet, les rayons lumineux émis par a et pouvant sortir par l'ouverture pupillaire forment après leur sortie un faisceau cylindrique parallèle à oa et ayant comme base l'ouverture pupillaire apparente. Théoriquement, ce pinceau de rayons contribue donc à donner l'image de a, puisqu'il fournit un rayon à l'observateur. En menant ob parallèle à p_1p', on détermine le point b de la rétine observée qui envoie à l'observateur le rayon p_1p'.

Il est facile de voir que tous les points de la rétine compris entre a et b envoient des rayons pénétrant dans l'œil de l'observateur : ab est donc la portion théoriquement visible.

Or

$$\omega' = M\pi' \times \delta \ ^{(1)}$$

et

$$\omega = M\pi \times \delta$$

d'où en additionnant

$$\omega + \omega' = (M\pi' + M\pi)\,\delta$$

ou

$$\omega + \omega' = d \times \delta$$

d étant la distance séparant l'œil examinateur de l'œil examiné (2).

On a donc
$$\delta = \frac{\omega + \omega'}{d}$$

et

$$x = \gamma\delta = \frac{\omega + \omega'}{d}\,\gamma \ (\mathrm{I})$$

Dans le cas où l'observé est emmétrope, le champ d'observation croît donc proportionnellement à la somme des ouvertures pupillaires apparentes de l'observateur et de l'observé et inversement à la distance qui sépare les yeux.

(1) En confondant l'ouverture pupillaire avec l'arc l'ayant pour base et comme sommet le point M. L'erreur n'est pas plus grande que lorsqu'après avoir posé $\omega = M\pi'\,tg\ \delta$ on prend comme valeur du champ la corde ab et non pas l'arc ab.

(2) De la note précédente il résulte que d n'est pas la distance entre l'observé et l'observateur, mais bien celle des images pupillaires des deux yeux.

La distance apparente de la pupille au sommet de la cornée étant d'environ 3 millim., d représenterait la distance des cornées des deux yeux augmentée de 6 millim.

Œil observé myope. — Les rayons pp'_1 et p_1p', les plus inclinés qui puissent pénétrer dans l'œil observateur, étant prolon-
gés, rencontrent le punctum remotum de l'observé en A et B
(fig. 2). Les rayons qui, émergeant de l'œil examiné, vont con-

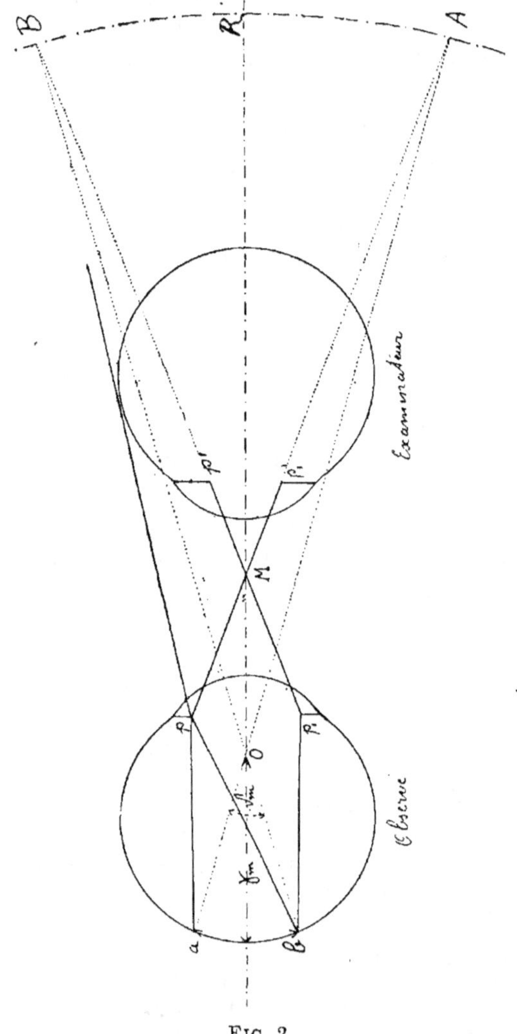

Fig. 2.

courir en A et B proviennent respectivement des points a et b
de la rétine obtenus en joignant les points A et B au point

nodal o. Le rayon pp'_4 vient donc de a et le rayon p_4p' de b ; les points intermédiaires entre a et b envoient évidemment de la lumière à l'observateur : ab constitue donc le champ d'observation.

Pour l'évaluer, rappelons que

l'angle $pMp_4 = \dfrac{\omega + \omega'}{d}$ (voir cas précédent).

Nous avons dans le triangle BMA en remarquant que

$$MR = R - OM, \quad R \text{ étant la distance du}$$

punctum remotum à l'œil :

$$AB = (R - OM) \times \text{angle } \widetilde{p_4Mp'}$$

et dans le triangle AOB :

$$AB = R \times \delta_m$$

Nous pouvons donc poser

$$\delta_m R = (R - OM) \text{ angle } \widetilde{p_4Mp'}$$

Or, sans commettre d'erreur sensible (1), nous pouvons écrire

$$OM = \dfrac{\omega}{\widetilde{pMp_4}}.$$

Portant cette valeur de OM dans l'équation précédente, il vient :

$$\delta_m R = R \times \widetilde{pMp_4} - \omega$$

ou

$$\delta_m = \widetilde{pMp_4} - \dfrac{\omega}{R}$$

et, en remplaçant $\widetilde{pMp_4}$ par sa valeur :

$$\delta_m = \dfrac{\omega + \omega'}{d} - \dfrac{\omega}{R}$$

d'où, en désignant par x_m le champ d'observation :

$$x_m = \delta_m \gamma_m = \gamma_m \left(\dfrac{\omega + \omega'}{d} - \dfrac{\omega}{R} \right) \quad (II)$$

Si, comme le fait Ulrich, on ne considérait que les myopies de courbure ou encore si l'on convenait de mesurer le champ d'observation par la grandeur de l'angle δ_m, on pourrait avan-

---

(1) On commet ainsi dans l'évaluation de OM une erreur égale à la distance séparant le centre pupillaire du point nodal, soit environ 4 millim.

L'erreur relative commise sur le facteur R-OM devient $\dfrac{0^{m},004}{R-OM}$ soit $\dfrac{0,004}{R}$ dans les cas où la myopie n'est pas des plus considérables. L'erreur est donc en général très faible et on peut très bien la négliger.

cer cette proposition : *le champ d'observation est plus faible chez le myope que chez l'emmétrope et décroît avec le degré de myopie.*

Dans le cas des amétropies axiles et en convenant que le champ d'observation se mesure par la grandeur de la portion de rétine perçue, on ne peut admettre ce résultat sans une discussion préalable.

En effet, on a bien pour les mêmes valeurs de ω, ω' et d

$$\delta_m < \delta$$

mais

$$\gamma_m > \gamma$$

On n'a donc pas nécessairement

$$\gamma_m \delta_m < \delta\gamma$$

c'est-à-dire

$$x_m < x$$

Cherchons le signe de la différence $x_m - x$. Puisque l'amétrope est axile, l'œil a sa puissance réfringente normale, donc

$$\frac{1}{\gamma_m} + \frac{1}{R} = \frac{1}{\gamma}$$

d'où

$$\frac{\gamma_m}{R} = \frac{\gamma_m - \gamma}{\gamma}$$

En remplaçant dans l'équ. (II) donnant la valeur de x_m $\frac{m}{R}$ par sa valeur, on obtient

$$x_m = \frac{\omega + \omega'}{d} \gamma_m - \omega \frac{\gamma_m - \gamma}{\gamma}$$

On a d'ailleurs, équ. (I)

$$x = \frac{\omega + \omega'}{d} \gamma$$

Nous écrirons : en retranchant membre à membre ces deux dernières égalités,

$$x_m - x = \frac{\omega + \omega'}{d} (\gamma_m - \gamma) - \omega \frac{\gamma_m - \gamma}{\gamma}$$

$$= (\gamma_m - \gamma) \left(\frac{\omega + \omega'}{d} - \frac{\omega}{\gamma} \right)$$

$\gamma_m - \gamma$ est toujours positif, le signe de la différence $x_m - x$ sera donc donné par celui de

$$\frac{\omega + \omega'}{d} - \frac{\omega}{\gamma}$$

Il s'ensuit que :

Le champ d'observation sera plus petit chez le myope que chez l'emmétrope lorsque

$$\frac{\omega + \omega'}{d} - \frac{\omega}{\gamma} < 0$$

c'est-à-dire quand

$$\gamma < d\,\frac{\omega}{\omega + \omega'}$$

Les deux champs sont identiques si

$$\frac{\omega + \omega'}{d} - \frac{\omega}{\gamma} = 0$$

c'est-à-dire lorsque

$$\gamma = d\,\frac{\omega}{\omega + \omega'}$$

Enfin le champ d'observation, dans le cas de la myopie axile, sera plus grand que dans celui de l'emmétropie quand

$$\frac{\omega + \omega'}{d} - \frac{\omega}{\gamma} > 0$$

c'est-à-dire si

$$\gamma > d\,\frac{\omega}{\omega + \omega'}$$

Œil observé hypermétrope. — Les rayons $p_1\,p'$ et $p'_1\,p$ (fig. 3), qui joignent la partie supérieure de l'ouverture pupillaire de l'observateur à la partie inférieure de l'ouverture pupillaire de l'examiné et inversement, rencontrent le punctum remotum de l'observé en A et B. Ces deux rayons, qui sont les plus inclinés que puisse recevoir l'observateur, proviennent respectivement des points a et b de la rétine observée, ces points étant obtenus en tirant les lignes AO et BO passant par le point nodal.

Le champ d'observation x_h sera donné par un calcul semblable à celui qui vient d'être fait pour l'œil myope.

Rappelons que : angle $\widehat{p\,M\,p_1} = \dfrac{\omega + \omega'}{d}$

On a

$$AB = (R + OM) \times \widehat{p\,M\,p_1} = R \times \delta_h$$

Or

$$OM = \frac{\omega}{\widehat{p\,M\,p_1}}$$

donc

$$p\widetilde{M}\widehat{p_1} = R\left[R + \frac{\omega}{\widetilde{p\widehat{M}p_1}}\right] \times \partial_u$$

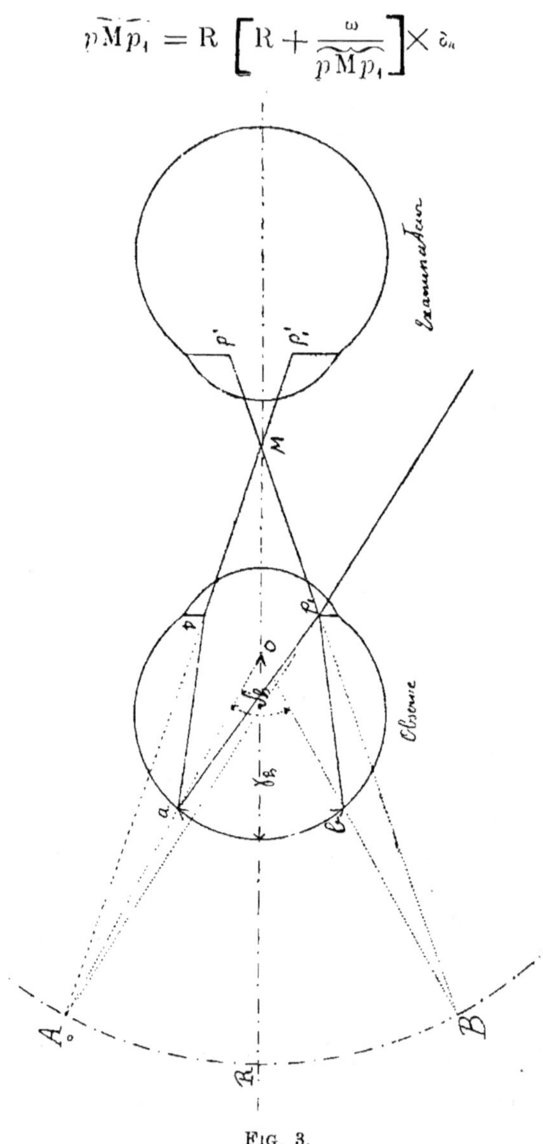

Fig. 3.

et par suite

$$\partial_u = \widetilde{p\widehat{M}p_1} + \frac{\omega}{R}$$

$$= \frac{\omega + \omega'}{d} + \frac{\omega}{R}$$

$$\text{et } x_h = \gamma_h \left(\frac{\omega + \omega'}{d} + \frac{\omega}{R} \right) \text{ (III)},$$

Dans les hypermétropies de courbure, c'est-à-dire si $\gamma_h = \gamma$, *le champ d'observation est plus grand que chez l'emmétrope et croît avec le degré d'hypermétropie.*

Si l'on considère l'hypermétropie axile, il faut discuter le signe de la différence :

$$x_h - x = \gamma_h \left(\frac{\omega + \omega'}{d} + \frac{\omega}{R} \right) - \gamma \frac{\omega + \omega'}{d}$$

$$= (\gamma_h - \gamma) \frac{\omega + \omega'}{d} + \gamma_h \frac{\omega}{R}$$

L'œil atteint d'hypermétropie axile constitue un système dioptrique convergent de puissance constante, égale à $\dfrac{1}{\gamma}$

Il réunit sur sa rétine les rayons qui convergeraient vers son punctum remotum. Appliquant une formule bien connue, on a, en observant les conventions de signe :

$$- \frac{1}{R} + \frac{1}{\gamma_h} = \frac{1}{\gamma}$$

d'où

$$\frac{1}{R} = \frac{1}{\gamma_h} - \frac{1}{\gamma} = \frac{\gamma - \gamma_h}{\gamma_h - \gamma}$$

Portant la valeur de $\dfrac{1}{R}$ dans l'équation donnant $x_h - x$, il vient :

$$x_h - x = (\gamma_h - \gamma) \frac{\omega + \omega}{d} + \frac{\gamma - \gamma_h}{\gamma} \omega$$

$$= (\gamma_h - \gamma) \left(\frac{\omega + \omega'}{d} - \frac{\omega}{\gamma} \right)$$

Le facteur $\gamma_h - \gamma$ est toujours négatif; le signe de la différence $x_h - x$ est contraire à celui de l'expression $\dfrac{\omega + \omega'}{d} - \dfrac{\omega}{\gamma}$ dont nous avons déjà discuté le signe dans le cas de l'œil myope.

Ainsi donc si

$\gamma > d \dfrac{\omega}{\omega + \omega'}$, c'est-à-dire si l'expression $\dfrac{\omega + \omega'}{d} - \dfrac{\omega}{\gamma}$ est posi-

tive, le champ d'observation sera plus petit que chez l'emmétrope.

Si $\gamma = d \dfrac{\omega}{\omega + \omega'}$, les champs d'observation seront identiques.

Enfin si

$\gamma < d \dfrac{\omega}{\omega + \omega'}$, le champ d'observation sera plus grand qu'il serait,

toutes choses égales d'ailleurs, chez l'emmétrope.

*Interprétation géométrique des différents résultats obtenus
dans le cas des amétropies axiles.* — Dans les calculs on a assi-
milé la puissance de l'œil à celle d'une lentille convexe de distance focale γ ; γ représente donc la distance focale anté-
rieure OF aussi bien que la postérieure.

Remarquons que M étant le point de croisée des rayons pp_1',
et $p_1 p'$ obtenus en joignant le bord supérieur de la pupille de
l'observateur au bord inférieur de la pupille de l'observé et inversement, on a

$$d \frac{\omega + \omega'}{\omega} = O\,M$$

Les différents résultats précédemment obtenus par le calcul
peuvent dès lors se réunir dans le tableau suivant :

1°	OF < OM	:	$x_m < x < x_h$
2°	OF = OM	:	$x_m = x = x_h$
3°	OF > OM	:	$x_m > x > x_h$

et il est très facile de les interpréter par une construction optique des plus simples.

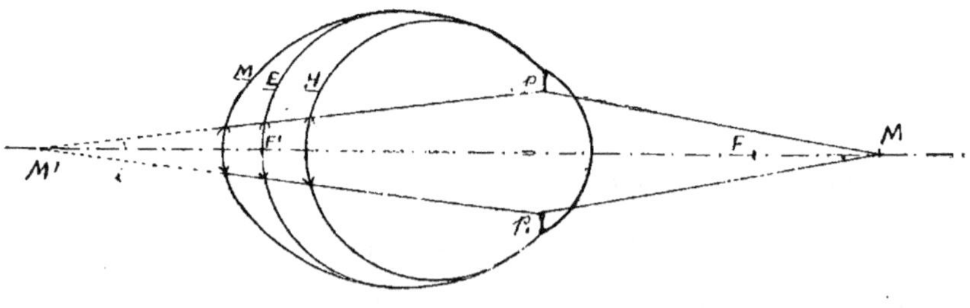

FIG. 4.

1° Supposons le point M défini comme on l'a fait plus haut,
en avant du foyer antérieur F de l'œil observé (fig. 4). Le champ
d'observation peut être déterminé en construisant à l'intérieur

de l'œil les rayons pM' et p₁M' qui réfractés sortent suivant les
lignes pM et p₁M. Or M étant en avant du foyer antérieur, son

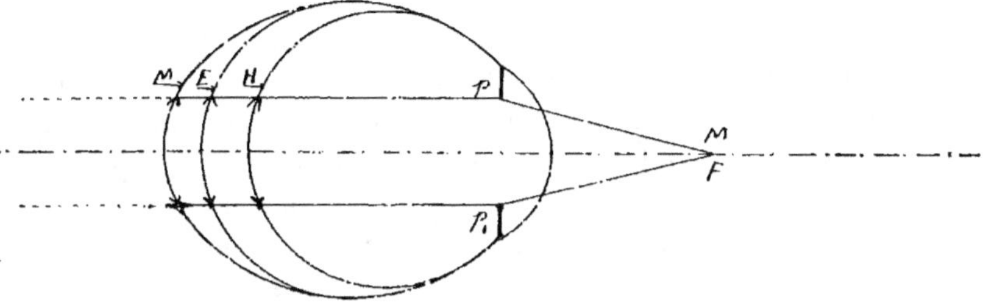

FIG. 5.

coup de l'œil observé, M demeure suffisamment voisin de F
pour que, même dans les myopies axiles très fortes, le point M'
soit en arrière de la rétine.

On a donc, d'après la figure :

$$x_m < x < x_h$$

2° Si M est foyer F (fig. 5), les lignes pM' et p₁M' sont paral-
lèles et

$$x_m = x = x_h$$

foyer conjugué M' est en arrière du foyer postérieur F' de l'œil.

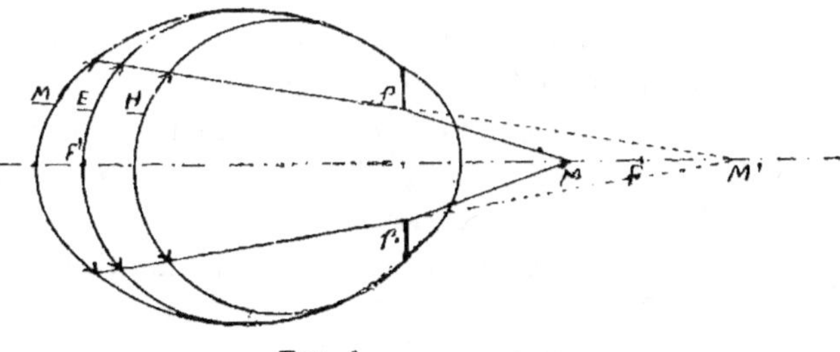

FIG. 6.

Comme dans l'examen à l'I. Dr., on se rapproche toujours beau-

3° Si OF est $>$ que OM (fig. 6), le foyer conjugué M' est vir-
tuel et du même côté que M en d'autres termes ; les rayons M'p
et M'p₁ divergent dans l'intérieur de l'œil et

$$x_m > x > x_h$$

II. — **Éclairage du fond de l'œil.**

La question de l'éclairage ophtalmoscopique se pose en même temps que celle du champ d'observation, car il y a toujours intérêt à éclairer toute la portion du fond d'œil pouvant être vue. Nous serons toutefois assez bref sur ce sujet qui pourrait nous entraîner dans de trop grands développements.

L'éclairage nécessaire pour l'examen à l'image droite est donné généralement par un miroir de verre étamé ou non, plan ou concave, percé d'un trou central. En pratique, on prend une source lumineuse suffisamment large et suffisamment rapprochée pour que finalement son image de diffusion sur la rétine de l'œil observé recouvre une surface au moins égale à celle du champ d'observation.

Le premier miroir ophtalmoscopique, celui d'Helmholtz, consistait en une série de plaques de verre superposées. Cette disposition, pour des motifs que nous indiquerons dans la suite, paraît réaliser des avantages relativement à l'étendue du champ d'observation dans le procédé à l'image droite ; c'est pourquoi nous l'étudierons spécialement.

Lorsqu'on emploie comme miroir un tel système à la fois réfléchissant et réfractant, il y a intérêt au point de vue de l'intensité de l'éclairage à le choisir tel qu'il réfléchisse la moitié de la lumière incidente. Helmholtz l'a démontré (1) et l'on peut s'en rendre compte très simplement de la façon suivante :

Soit α la fraction de lumière incidente réfléchie par ce dispositif ; $1-\alpha$ sera la fraction de lumière réfractée en négligeant l'absorption. Représentons par 1 la quantité de lumière qui entrerait dans l'œil observé pour contribuer à éclairer un point de la rétine, si la source lumineuse occupait la position de son image dans la pile de lames de verre, celle-ci étant supprimée. Par l'emploi de la pile de glaces on enverra seulement au point de rétine considéré la quantité de lumière α. Mais de la lumière tombant en ce point, une partie est absorbée et une portion seulement de la lumière émise, celle qui ressort par l'ouverture pupillaire, contribue à donner l'image ophtalmoscopique de ce

(1) HELMHOLTZ. *Opht. phys.*, traduct. franç., p. 247.

point. Elle peut être représenté par $\alpha\,\varepsilon$, ε étant un coefficient fractionnaire dépendant du pouvoir absorbant de l'œil et des dimensions de la pupille.

Cette quantité de lumière $\alpha\,\varepsilon$ sort de l'œil sous forme d'un cône convergent, d'un cylindre ou d'un cône divergent suivant que l'œil est myope, emmétrope ou hypermétrope. Mais l'angle moyen d'incidence de ces rayons de retour diffère peu de l'angle moyen d'incidence des rayons éclairants tombant sur le miroir. Il s'ensuit que de la quantité $\alpha\,\varepsilon$ de lumière, la quantité $\alpha\,\varepsilon\,(1-\alpha)$ sera réfractée pour donner l'image du point considéré.

ε étant un coefficient constant, le maximum de l'expression $\alpha\,\varepsilon\,(1-\alpha)$ a lieu en même temps que celui du produit $\alpha\,(1-\alpha)$ dont la somme des deux facteurs est constante. Le maximum aura donc lieu lorsque ces facteurs sont égaux, c'est-à-dire quand $\alpha = {}^1/_2$.

Le dispositif le plus éclairant est donc, en négligeant l'absorption, celui qui réfléchit la moitié de la lumière incidente. On peut toujours le constituer en superposant un certain nombre de lames de verre.

En effet, la fraction p de lumière réfléchie lorsqu'elle tombe sur un dioptre de verre plan sous l'incidence i est, d'après la théorie de Fresnel (1) :

$$p = \frac{1}{2}\left[\frac{\sin^2(i-r)}{\sin^2(i+r)} + \frac{tg^2(i-r)}{tg^2(i+r)}\right]$$

Avec la relation

$$\frac{\sin i}{\sin r} = \text{indice de réfraction du verre.}$$

Si n plaques de verre sont superposées de manière à donner un système réfléchissant la moitié de la lumière incidente, on a en appelant p la fraction de lumière réfléchie par la première surface de la première plaque (2) :

$$n = \frac{1-p}{2p} \text{ ou } p = \frac{1}{2n+1}$$

Les trois équations précédentes détermineront donc, connais-

<hr>

(1) V. un ouvrage de physique traitant de la réflexion et de la réfraction vitreuse, p. ex. MASCART, JAMIN, CHAPUIS et BERGET, etc., ou FRESNEL, *Œuvres complètes*, t. I.

(2) FRESNEL. *Œuvres complètes*, t. II, p. 789. V. aussi : *Lettre de Fresnel à Arago*, t. II, p. 787.

G.

sant l'incidence moyenne des rayons tombant de la source
éclairante sur l'ophtalmoscope, le nombre n de lamelles qu'il
conviendra de prendre pour le constituer.

Nous avons construit une courbe permettant de déterminer
aisément le nombre des lamelles de verre que l'on juxtaposera
pour réfléchir sous une incidence donnée la moitié de la lumière
incidente.

Comme il existe pour les valeurs de p une certaine différence

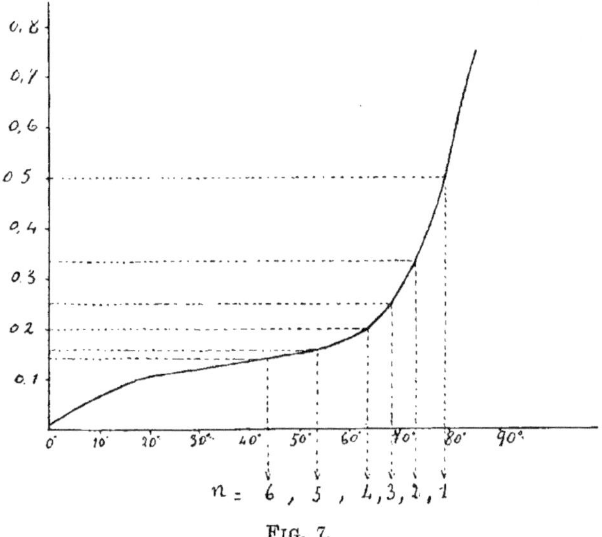

Fig. 7.

entre les valeurs données par la théorie de Fresnel et celles
fournies par l'expérience, nous avons préféré construire une
courbe d'après les nombres définitifs qu'Arago (1) a trouvés
expérimentalement pour le coefficient de réflexion sur une
lamelle de verre, la lumière tombant sous différentes incidences.

Cette courbe (fig. 7) représente donc la fraction q de lumière
réfléchie par une lamelle de verre d'indice 1,52. Or la quantité q
de lumière réfléchie par une glace est en fonction de la fraction p
de lumière réfléchie par la première surface.

$$q = \frac{2\,p}{1 + p}$$

(1) ARAGO. *Œuvres*, t. X, p. 209.

d'où

$$p = \frac{q}{2 - q}$$

L'équ. précédemment posée $p = \dfrac{1}{2\,n + 1}$ devient en remplaçant p par sa valeur

$$\frac{q}{2 - q} = \frac{1}{2\,n + 1}$$

d'où

$$q = \frac{1}{n + 1}$$

Cette équ. permettra à l'aide de la courbe (fig. 7) de résoudre le problème.

Pour $n = 1$ $q = \frac{1}{2}$ et l'incidence favorable est   79°
» $n = 2$ $q = \frac{1}{3}$ »   »   »   »   73°
» $n = 3$ $q = \frac{1}{4}$ »   »   »   »   68°
» $n = 4$ $q = \frac{1}{5}$ »   »   »   »   63°
» $n = 5$ $q = \frac{1}{6}$ »   »   »   »   54°
» $n = 6$ $q = \frac{1}{7}$ »   »   »   »   44°

Ces nombres diffèrent assez de ceux donnés par Helmholtz (1) dans son optique physiologique ; il conseille

l'incidence de 70° pour une lame,
60° pour trois,
56° pour quatre.

L'écart existant entre les chiffres donnés par la théorie de Fresnel et ceux fournis par les expériences d'Arago, ne nous suffit pas pour expliquer les nombres donnés par Helmholtz. A moins que toutefois l'usage d'un verre d'indice notablement différent de 1,52 n'amène à ces résultats.

Nous avons essayé comme miroir ophtalmoscopique l'emploi d'une lamelle de verre demi-argentée par le procédé Martin. Le dépôt de la couche d'argent peut être rendu assez mince pour que ces miroirs soient très transparents. Le pouvoir réfléchissant augmente avec l'épaisseur de la couche déposée et on peut en laissant le miroir un temps convenable dans le bain argentifère, l'obtenir de telle sorte qu'il réfléchisse une quantité de

(1) HELMHOLTZ. *Loc. cit.*, trad. franc., p. 248, ou 2ᵉ édit, allemande, p. 223.

lumière égale à celle qu'il transmet sous une incidence donnée. Nous avons abandonné ces essais car la glace demi-argentée a une couleur propre gris violacé, très faible il est vrai lorsqu'elle remplit les conditions précédentes, mais peut-être suffisante pour ne pas être acceptée des ophtalmologistes. L'absorption est du reste loin d'être négligeable.

M. Parent (1) a réalisé un miroir réfléchissant environ la moitié de la lumière incidente. La partie centrale de ce miroir, dans un diamètre de 8 millim. (correspondant comme étendue à une pupille fortement dilatée par l'atropine), est partagée en bandes étroites de 1 millim. de diamètre alternativement étamées et transparentes.

L'observateur utilise donc sensiblement la moitié de la lumière émergente de l'œil observé. « L'image rétinienne, dit M. Parent, « est ainsi plus éclairée parce que la somme des rayons qui « pénètrent dans l'œil observateur est plus grande qu'avec les « petits trous des miroirs ordinaires. » On pourrait ajouter que le champ d'observation est également plus grand par l'emploi de ce dispositif que par l'usage d'un ophtalmoscope à petit trou.

Pour éclairer avec les miroirs de verre étamés ou non une grande partie de la rétine, on doit faire tomber sur l'œil observé des rayons fortement convergents ou divergents de façon à avoir sur la rétine examinée une image diffuse très étendue de la source lumineuse. Lorsqu'on emploie un ophtalmoscope analogue à celui d'Helmholtz, on arrive aisément à ce résultat en annexant une lentille au système éclairant. Cette lentille est placée sur le trajet des rayons lumineux, avant leur arrivée sur le miroir. Si l'on emploie un miroir plan et de la lumière parallèle et que le foyer des rayons lumineux que la lentille fait converger, aille se former, après réflexion, aux environs du point nodal, on voit que le champ éclairé est proportionnel à l'ouverture ou diamètre de la lentille et à sa puissance dioptrique.

Nous avons réalisé cette disposition d'éclairage lorsque, cherchant l'influence de la grandeur pupillaire de l'observé, nous expérimentions sur l'œil artificiel de Perrin.

Généralement nous nous sommes servi de l'œil artificiel de Badal dont nous enlevions la partie postérieure pour la rem-

(1) PARENT. Quelques modèles de miroir pour l'examen ophtalmoscopique à l'image droite. *Arch. d'ophtalmologie*, t. II, 1891, p. 322.

placer par une réduction photographique d'une série de cercles concentriques. Nous éclairions alors directement par transparence, au moyen d'une bougie placée derrière l'œil artificiel, et l'expérience se trouvait ainsi simplifiée, les conditions d'éclairage n'étant plus à remplir.

III. — **Résultats expérimentaux.**

Nous n'avons pas cherché à mesurer les valeurs de ω, ω' d, x et R et à voir si elles satisfaisaient réellement aux équations précédemment trouvées. Il est certain d'ailleurs que le champ d'observation obtenu expérimentalement pour des valeurs déterminées de ω, ω', d et R serait plus petit que le champ d'obser-

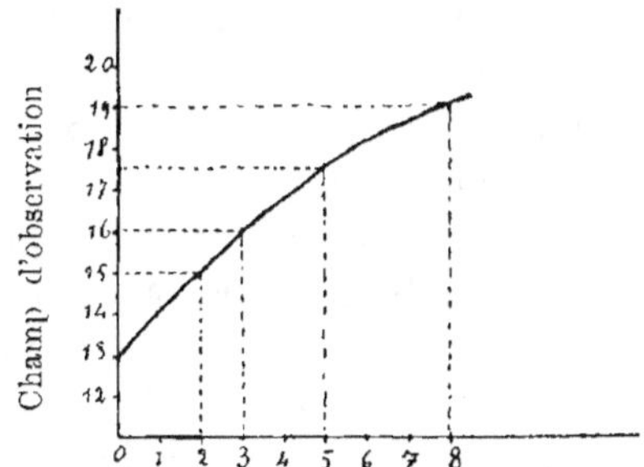

Diam. des diaphragmes placés devant l'œil observateur.

FIG. 8.

vation calculé; nous reviendrons bientôt sur ce point. Nous nous sommes contenté de mesurer x en faisant varier une seule des quantités ω, ω', d et R. Par suite nous avons déterminé l'influence qu'exerce la variation de chacune de ces quantités sur la valeur du champ d'observation.

Influence de la grandeur de la pupille de l'œil observateur. — L'œil artificiel de Badal était modifié et disposé comme nous venons de l'indiquer. Notre œil étant atropinisé, nous le maintenons à une distance fixe de l'œil artificiel en appuyant le front contre un support. Il est grand ouvert afin que la fente palpébrale ne vienne pas modifier la grandeur de la pupille. Puis des diaphragmes de divers diamètres sont approchés le plus possible de l'œil. Évaluant le champ d'observation lors de l'interposition de ces différents diaphragmes, nous avons construit la courbe ci-jointe (fig. 8) qui montre que le champ d'observation croît très vite avec l'augmentation de l'ouverture pupillaire de l'observateur. En se reportant aux formules trouvées, on voit que théoriquement cette courbe devrait être une droite (1). Le champ d'observation mesuré par 13 était donné en interposant un trou sténopéique très voisin de l'œil observateur. Le champ 19 était obtenu par l'interposition d'un diaphragme de 8 millim.

La grandeur de l'ouverture pupillaire de l'observateur intervient donc pour modifier dans de larges limites le champ d'observation.

On peut s'en rendre compte sans avoir recours aux mydriatiques et même sans utiliser pour les expériences un œil artificiel.

On placera à quelques centim. en avant de soi un diaphragme percé d'un trou de petit diamètre (2 ou 3 millim.), puis au loin une feuille de papier sur laquelle seront tracés une série de cercles concentriques. Quelques-uns même seront colorés de telle sorte qu'on évaluera plus facilement le nombre de cercles vus. Cet écran de papier sera bien éclairé, mais l'œil observateur ne recevra que la lumière émise par l'écran et pouvant passer par le diaphragme.

Il pénétrera donc peu de lumière dans l'œil de l'expérimentateur et la pupille sera assez dilatée. Chaque point de l'écran n'envoie à l'observateur que le mince pinceau de rayons lumineux pouvant passer par l'ouverture du diaphragme ; on se trouve donc dans des conditions d'observation de tout point analogues à celles qui existent dans l'examen ophtalmoscopique. Il sera très aisé de vérifier que, l'œil restant immobile, le champ d'observation augmente avec la grandeur d'autres diaphragmes que l'on fera passer très près de l'œil, c'est-à-dire avec la portion de pupille susceptible de recevoir des rayons.

Pour montrer que la pupille tout entière contribue bien, dans

(1) Différents motifs pourraient être invoqués pour expliquer cette différence entre la théorie et l'expérience ; mais nous ne voyons pas la nécessité de les interpréter. Il nous suffit d'avoir montré que le champ d'observation croît très vite avec l'ouverture pupillaire de l'observateur. Ajoutons que des mesures très précises sont bien difficiles dans des observations de ce genre, car une petite latitude est toujours laissée à l'appréciation de l'observateur dans l'évaluation des résultats.

des cas analogues, à délimiter le champ d'observation, plaçons à 3 ou 4 centim. devant l'œil un trou sténopéique. Si l'on trace sur une feuille de papier blanc placée à 30 ou 40 centim. les limites du champ visible en fixant un point déterminé, il se trouve que c'est l'image agrandie de la pupille que l'on dessine ainsi.

L'agrandissement est égal au rapport des distances du trou sténopéique à la feuille de papier et à l'image irienne. Nous n'avons pas la prétention de proposer un principe nouveau de pupillomètre, car il en existe de plus exacts offrant l'avantage de ne pas nécessiter une méthode subjective. Nous insistons

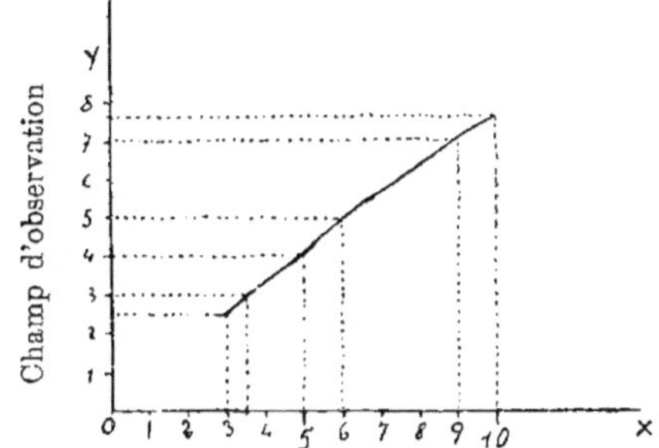

Diam. des diaphragmes placés devant l'œil artificiel de Perrin.

Fig. 9.

seulement sur ce point afin de bien montrer le rôle que joue, pour la valeur du champ d'observation dans les cas que nous traitons, la dimension de l'ouverture pupillaire de l'examinateur.

Influence de la grandeur de la pupille de l'œil observé. — Elle est représentée par la courbe (fig. 9), les diamètres des diaphragmes passés devant l'œil artificiel étant portés en abcisses et les champs correspondants en ordonnées.

Cette expérience a été faite pendant que notre œil était encore soumis à l'action mydriatique afin que notre pupille ne fût pas sujette à varier.

On peut répéter bien plus aisément cette expérience en se servant d'un appareil photographique en guise d'œil artificiel.

On trace sur le verre dépoli une série de cercles homocentriques, puis transportant l'appareil dans une chambre obscure, on éclaire ces cercles en plaçant une bougie en arrière de l'appareil.

L'observateur se place alors à une petite distance de l'objectif et regarde au travers de celui-ci en mettant devant son œil un trou sténopéique qui élimine les variations de son ouverture pupillaire. En plaçant différents diaphragmes devant ou dans l'objectif, l'observateur verra que, pour une même position de son œil, le nombre des cercles vus croît avec la grandeur des diaphragmes.

Influence de la distance des deux yeux.— La courbe (fig. 10)

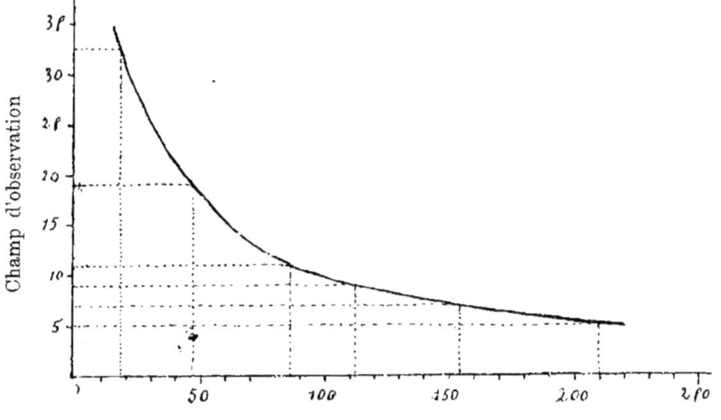

Distances à l'œil artificiel de Perrin comptées en millim.
Fig. 10.

représente la variation expérimentale que subit le champ d'observation lorsqu'on s'éloigne de l'œil observé, les autres quantités, qui pourraient l'influencer, restant constantes. On voit que la courbe est une hyperbole très régulière, conforme par conséquent aux formules trouvées.

Influences des amétropies. — Dans les yeux artificiels que nous avions entre les mains, les amétropies axiles s'obtenaient en avançant ou reculant la lentille, le fond de l'œil restant fixe. Nous les avons abandonnés pour cette dernière vérification, car il devenait difficile, en faisant varier la réfraction de l'œil, de nous replacer toujours à la même distance de lui. C'est l'appareil photographique qui nous a servi; il est disposé dans la chambre noire comme précédemment avec un diaphragme de

1 cent. environ de diamètre dans l'objectif. L'observateur reçoit les images des cercles homocentriques tracés sur le verre dépoli de l'appareil en plaçant un trou sténopéique devant son œil et à une distance très rapprochée.

Il les verra ainsi toujours nettement malgré qu'il ne soit pas adapté pour les rayons qu'il reçoit. L'observateur rapproche alors le verre dépoli de l'objectif, ce qui simule le cas d'une hypermétropie axile. S'il se trouve en avant du foyer antérieur de l'objectif, il verra le nombre des cercles homocentriques tracés sur le verre dépoli diminuer à mesure qu'en agissant sur la crémaillère de l'appareil on éloigne le verre dépoli de l'objectif, ce qui correspond d'abord à l'emmétropie puis à la myopie.

Il y a une position de l'observateur pour laquelle le nombre des cercles vus est indépendant du tirage de la chambre photographique. C'est lorsque le trou sténopéique occupe la position du foyer antérieur de l'objectif.

Enfin le champ d'observation croît avec le tirage de la chambre photographique lorsque l'observateur (ou plutôt le trou sténopéique) se trouve entre l'objectif et son foyer.

Pour des positions du trou sténopéique très peu distantes du foyer, le champ d'observation varie dans de grandes limites pour des déplacements suffisants du verre dépoli. Frappé de cette grande sensibilité, nous faisons réaliser en ce moment un focomètre basé sur le principe précédent. Il servira en outre à vérifier la régularité de taille des verres, à déterminer leur centre et leur axe optique. Enfin il s'appliquera à la mesure directe des constantes des systèmes astigmates et du pouvoir réfringent des lentilles divergentes.

Nous décrirons très prochainement cet instrument actuellement en construction.

IV. — Opinions émises antérieurement.

Helmholtz (1) s'exprime ainsi au sujet du champ d'observation ophtalmoscopique dans la méthode à l'image droite : « Dans cette méthode le champ visuel n'est pas nettement cir-

(1) HELMHOLTZ. *Opt. phys.*, traduction française, p. 242; 2ᵉ édit. allemande, p. 217.

« conscrit, étant limité par le bord de la pupille de l'œil observé,
« bord qui est vu diffusément. Pour déterminer d'une façon
« complète, une limite nette, on peut prendre les lignes visuelles
« de l'observateur menées suivant le bord de la pupille de l'œil
« observé et dont le point d'intersection se trouve au centre de la
« pupille de l'examinateur. Si l'on considère ces lignes de visée
« comme des rayons lumineux émis par le centre de la pupille
« de l'examinateur, on constate que le champ visuel de l'obser-
« vateur sur la rétine de l'œil observé correspond à l'image de
« diffusion que donnerait sur cette rétine le centre de la pupille
« de l'observateur. »

Le champ d'observation serait donc indépendant de l'ouverture pupillaire de l'examinateur ; il serait le même, que celui-ci
ait la pupille contractée ou dilatée, conclusion en contradiction
avec la théorie et les expériences que nous avons faites.

Pilz (1), Zander (2), Snellen et Landolt (3) sont de l'avis
d'Helmholtz et indiquent l'utilisation des lignes visuelles pour
la construction du champ d'observation.

D'après Perrin (4), l'étendue de fond d'œil accessible à l'ex-
ploration ophtalmoscopique est nécessairement limitée dans
tous les cas à l'étendue qu'il est possible d'éclairer dans une
direction donnée. « L'éclairage bien dirigé pouvant, dit-il, four-
« nir un cercle lumineux de diffusion sensiblement égal au
« cercle pupillaire, la partie de la rétine examinée à un moment
« donné sera donc tout au plus égale au diamètre de la pupille. »
Nous avons vu que le champ d'observation pouvait être tel que
le donnait Perrin, mais seulement lorsque le point de croisée M
défini plus haut coïncidait avec le foyer antérieur.

Fick (5) dit que « dans la pupille de l'œil observateur ne peu-
« vent arriver des rayons du fond d'œil observé que des points
« qui inversement peuvent recevoir les rayons de l'œil obser-
« vateur supposé lumineux. Mais l'ensemble de tous ces points
« est l'image, dans le grand sens du mot, de la pupille de l'ob-

<hr>

(1) Pilz. *Compendium d. Augenkrankheiten.*

(2) Zander. *Der Augenspiegel.*

(3) Snellen et Landolt. *Traité d'ophtalmoscopie* de de Wecker et Landolt,
t. 1, p. 799.

(4) Perrin. *Traité pratique d'ophtalmoscopie et d'optométrie.* Paris, 1872,
p. 32.

(5) Fick, Hermann. *Handbuch d. Physiologie*, t. III, p. 127.

« servateur sur le fond d'œil observé ». Il est aisé de voir que
le champ d'observation, ainsi défini par Fick, correspond au
champ que nous avons construit et calculé. En effet, les rayons
d'inclinaison limite qui peuvent pénétrer dans l'œil observateur sont inversement ceux qui pénétreraient dans l'œil observé,
la pupille de l'observateur étant lumineuse. Leur construction
délimitera donc l'image de diffusion de la pupille de l'examinateur sur le fond de l'œil observé.

Ulrich (1) arrive pour le champ d'observation à l'image droite
aux mêmes formules que nous. Ainsi que nous l'avons déjà dit,
il n'étudie le champ d'observation que dans les amétropies de
courbure. Nous ne savons pourquoi il suppose, dans ses calculs, la pupille placée dans le plan nodal de l'œil réduit, ni
pourquoi il fait abstraction de son agrandissement à travers la
surface réfringente de la cornée. On peut voir, d'après notre
travail, qu'il n'est nullement nécessaire de faire ces restrictions
qui, à l'encontre du but que s'est proposé leur auteur, ne peuvent qu'atténuer l'exactitude des résultats.

Il arrive à conclure : « qu'en pratique le champ d'observation
« paraît être plus petit que l'indique Helmholtz ». Cette conclusion contraire à la théorie ne saurait être admise et peut s'expliquer par les causes d'erreurs auxquelles Ulrich s'exposait
dans ses expériences. Il opérait avec un miroir percé d'un trou
et sans tenir compte de la distance du miroir à l'observateur.
Il est clair que dans ces conditions il n'aurait pas fallu porter
dans les formules la dimension du trou de l'ophtalmoscope. Il
nous semble bien difficile qu'Ulrich ait pu dans ses expériences déterminer exactement les distances des yeux de l'examinateur et de l'observé, et une petite erreur dans cette évaluation
en donne une sensible dans le calcul du champ. On doit de plus
prendre la distance séparant les images pupillaires apparentes
des deux yeux. Ulrich ne nous dit pas si cette distance a été
évaluée ainsi. En relevant la distance séparant les sommets
des deux cornées, il commettrait déjà, par cette seule cause,
une erreur d'environ 1/5 dans l'évaluation du champ d'observation, vu la faible distance à laquelle il opérait.

(1) ULRICH. Das ophtalmoskopische Gesichtsfeld. *Klin. Monatsbl. f. Au-
genheilk.*, 1881, p. 186-212.

Eperon (1) emploie une construction analogue à celle d'Helmholtz, seulement les lignes visuelles sont tirées du premier point nodal de l'œil observateur et non du centre de la pupille.

Bjerrum (2) considère avec Fick l'image diffuse sur le fond d'œil examiné de toute la pupille de l'observateur supposé lumineuse comme constituant le champ visuel ophtalmoscopique. Il est facile, dit-il, de voir sur une figure que la dilatation des pupilles agrandit le champ visuel ophtalmoscopique.

V. — **Quelles limites faut-il en pratique assigner au champ d'observation ?**

Fick, Ulrich, Bjerrum assignent, en théorie, au champ d'observation ophtalmoscopique une valeur dépendant de la grandeur des pupilles de l'observateur et de l'observé et de leur distance.

Ulrich prétend, après Ruttenberg (3), qu'en pratique le champ d'observation ophtalmoscopique est plus petit que celui donné par Helmholtz. Les auteurs disent que cela tient en général à ce que le champ qui serait visible n'est pas complètement éclairé. Mais il est toujours aisé de satisfaire à cette question d'éclairage. Il est facile d'éclairer le fond de l'œil dans des limites même bien supérieures à celle du champ d'observation possible.

On peut donc ne pas compliquer la question du champ visuel ophtalmoscopique par celle de l'éclairage. Si dans certains procédés d'observation, cela devenait nécessaire, le champ visible serait donné par les portions communes au champ d'observation théorique et au champ d'éclairage.

D'accord avec Fick, Ulrich, Bjerrum sur la manière dont se détermine théoriquement le champ d'observation ophtalmoscopique à l'image droite, nous ne saurions admettre les conclusions pratiques auxquelles arrive Ulrich à la suite d'expériences bien peu rigoureuses.

(1) EPERON. Détermination à l'image droite des degrés élevés de myopie. *Archives d'ophtalmologie*, t. IV, 1881, p. 219.

(2) BJERRUM. *Instruction pour l'emploi de l'ophtalmoscope à l'usage des étudiants et des médecins.* Traduct. française, par Grosjean, 1891.

(3) RUTTENBERG. Ueber ophtalmoskopie des aufrechten Bildes mit erweiterten Gesichtsfeld. *Klin. Monast. Zehenders*, 1887.

En effet, le champ tel que l'a donné Helmholtz est exact pour une ouverture pupillaire punctiforme de l'observateur. Nous avons prouvé expérimentalement qu'il croissait très vite avec l'ouverture pupillaire de l'examinateur. Donc, pour peu que cette dernière soit grande, le champ d'observation est supérieur à la limite que lui assigne Helmholtz. Mais tout en restant supérieur à cette valeur, il ne saurait cependant atteindre la valeur calculée, car les portions périphériques du champ d'observation théorique ne peuvent être perçues. La clarté diminue en effet graduellement vers la périphérie du champ, car la portion utilisée des faisceaux de rayons lumineux allant de l'observé à l'examinateur va en décroissant. La limite théorique du champ est celle pour laquelle l'œil observateur reçoit seulement un seul rayon lumineux d'un point du fond de l'œil observé. Ce point n'est pas perçu, de même que ceux qui en sont voisins et n'envoient que très peu de lumière à l'observateur.

Le champ d'observation ophtalmoscopique tout en étant plus grand que celui d'Helmholtz est donc plus petit, en pratique, que le champ d'observation calculé.

L'image de l'iris de l'œil observé contribue un peu à diminuer la netteté de la portion périphérique du champ, car elle donne, sur le fond de l'œil observateur, une image de diffusion dont tout au moins les portions internes recouvrent la périphérie de l'image ophtalmoscopique se formant sur la rétine de l'examinateur. Les limites internes de l'image diffuse de l'iris sont déterminées par le cercle de diffusion central que donne l'image de l'ouverture pupillaire de l'œil observé. Cette image diffuse recouvre la portion de rétine recueillant la périphérie de l'image ophtalmoscopique dans une étendue d'autant plus grande que l'observateur étant adapté pour la vision nette du fond de l'œil, l'est moins pour celle de l'iris. Cette portion impressionnée tout à la fois par l'image diffuse de l'iris et celle du fond de l'œil croît également, comme toute image de diffusion, avec la grandeur de l'ouverture pupillaire de l'observateur.

Mais au point de vue de la netteté de perception de l'image ophtalmoscopique, il y a surtout à se préoccuper de l'intensité de cette image diffuse. Disons tout d'abord que la portion la plus interne de cette image de diffusion est très faiblement éclairée. Il est aisé de voir que l'éclairement croît vers les portions périphériques jusqu'à la partie moyenne de l'anneau de diffusion de l'image de l'ouverture pupillaire. Mais au delà la clarté de l'image diffuse de l'iris est constante et d'autant plus faible que l'image est plus diffuse.

Or, nous croyons que l'on peut avancer que l'éclairement de cette image diffuse est en général bien plus faible que celui de l'image ophtalmoscopique. Elle ne nuirait guère, dès lors, à la perception de cette dernière.

Nous nous contenterons de citer l'expérience suivante qui, croyons-nous, suffira à convaincre.

Tournant le dos à une fenêtre, on regarde les objets situés au loin, par exemple sur le mur opposé. On amène graduellement devant la pupille une carte blanche que l'on tient très rapprochée de l'œil. Elle est déplacée jusqu'à ce qu'elle recouvre partiellement, par son bord, l'ouverture pupillaire. La carte forme une image de diffusion qui recouvrira les images nettes des objets fixés au mur, mais n'empêchera pas leur perception.

On verra des objets très nettement, puis plus à la périphérie, du côté de la carte ils apparaîtront sur un fond très légèrement blanchâtre augmentant d'intensité à la périphérie. Avec un carton noir la perception des objets périphériques est bien plus nette encore puisque l'image de diffusion n'est presque pas éclairée.

L'analogie entre les conditions de vision réalisées dans cette expérience et celles qui se présentent dans l'examen à l'image droite, est trop frappante pour que nous y insistions.

Rappelons, pour terminer, que dans la vision la plus distincte, celle dite directe, l'image rétinienne de l'objet se forme sur la fovea centralis de la tache jaune. Cette vision directe ne peut s'exercer que dans un champ très limité que l'on sous-entend à partir du point nodal par un angle de 12' à 15'. Ce champ est plus petit que celui de l'observation ophtalmoscopique, ce qui signifie que la majeure partie de l'image est vue avec le secours de la vision indirecte. On sait toute l'importance qu'a la vision indirecte pour signaler les objets environnants et attirer l'attention sur eux (1). Il est donc avantageux d'avoir un grand

____

(1) V. Prof. A. CHARPENTIER. *La lumière et les couleurs au point de vue physiologique.* Paris, 1888, p. 106.

champ d'observation, car la vision indirecte attirera l'attention de l'observateur sur telle ou telle particularité de l'image du fond de l'œil. L'observateur fixera alors le point ainsi signalé pour le voir très nettement.

VI. — Conclusions relatives au champ d'observation dans l'examen ophtalmoscopique à l'image droite.

1° Le champ d'observation ophtalmoscopique est en pratique un peu inférieur à la valeur donnée par les formules que nous avons établies, mais reste supérieur à la valeur que lui assigne Helmholtz.

2° Il croit proportionnellement à la somme des ouvertures pupillaires de l'observateur et de l'observé et inversement à la distance qui sépare les images de leurs pupilles. L'influence de la dimension de la pupille de l'observateur est donc de même ordre que celle de la pupille de l'observé.

3° Dans les amétropies de courbure, le champ d'observation chez l'hypermétrope est plus grand, toutes choses égales d'ailleurs, que chez l'emmétrope. Il est supérieur pour ce dernier à ce qu'il est pour le myope. Il croît avec le degré d'hypermétropie, décroît avec celui de myopie.

4° Dans les amétropies axiles, en désignant par M le point de croisée des rayons joignant la partie supérieure de la pupille de l'observateur à l'inférieure de l'observé et réciproquement et en appelant x_h, x, x_m les champs d'observation d'yeux respectivement hypermétrope, emmétrope et myope :

On a,

si M est en avant du foyer antérieur F de l'œil observé

$$x_h > x > x_m$$

si M coïncide avec F :

$$x_h = x = x_m$$

et enfin si M est entre l'œil observé et son foyer antérieur F :

$$x_m > x > x_h$$

5° Au point de vue de l'étendue du champ d'observation on doit donner de grands trous aux ophtalmoscopes servant pour l'image droite, afin que le champ puisse bénéficier de toute la grandeur de l'ouverture pupillaire de l'examinateur.

L'ophtalmoscope d'Helmholtz, celui de de Wecker-Helmholtz permettent de toujours réaliser cet avantage. Il conviendra, ainsi que nous l'avons déjà fait remarquer, d'user d'un éclairage tel que le champ d'éclairage soit tout au moins égal au champ d'observation.

IMPRIMERIE LEMALE ET Cⁱᵉ, HAVRE